油气田作业安全监督检查系列丛书

油气集输专业
安全监督检查

中国石化胜利油田安全环保质量督查中心
中国石化胜利油田分公司技术检测中心 ◎组织编写

中国石化出版社
·北京·

内 容 提 要

本书为“油气田作业安全监督检查系列丛书”之一，重点阐述了油气集输专业安全监督相关内容，以《陆上石油天然气开采安全规程》《石油天然气开发注水安全规范》《陆上油气田油气集输安全规程》《陆上石油天然气开采安全重点检查事项清单》等标准为基础，以油气生产作业与施工现场为落脚点，深入分析了油气安全生产特点，详细介绍了安全检查程序、范围、频率和记录要求等方面，将复杂的理论和方法具体化、操作化。

本书图文并茂，采用口袋书的形式，简洁清晰、易于理解，使得各级管理人员和一线操作人员都能够轻松掌握和应用，为安全监督人员现场实施油气集输安全专业监督检查提供了全面的技术支持和指导。

图书在版编目（CIP）数据

油气集输专业安全监督检查 / 中国石化胜利油田安全环保质量督查中心，中国石化胜利油田分公司技术检测中心组织编写．— 北京：中国石化出版社，2024. 9.
（油气田作业安全监督检查系列丛书）．— ISBN 978-7-5114-7615-9

Ⅰ. TE86

中国国家版本馆 CIP 数据核字第 2024RP3909 号

中国石化出版社出版发行

地址：北京市东城区安定门外大街 58 号

邮编：100011　电话：（010）57512500

发行部电话：（010）57512575

http：//www.sinopec-press.com

E-mail：press@sinopec.com

北京富泰印刷有限责任公司印刷

全国各地新华书店经销

*

710 毫米 ×1000 毫米 32 开本 1.25 印张 16 千字

2024 年 9 月第 1 版　2024 年 9 月第 1 次印刷

定价：20.00 元

《油气集输专业安全监督检查》

编委会

前言
PREFACE

为进一步规范上游各专业安全管理，提升监督检查实效性，打造安全监管督查“一把尺子”，中国石化胜利油田分公司组织行业内专家，编写了“油气田作业安全监督检查系列丛书”。该丛书分为6个分册，内容涉及石油工程、地面工程、注采专业（陆上）、注采专业（海上）、油气集输（含原油库和储气库）、生产辅助（注汽、注氮、新能源等）。

本书以GB 42294—2022《陆上石油天然气开采安全规程》、SY/T 7429—2018《石油天然气开发注水安全规范》等标准及《陆上油气田油气集输安全规程》《陆上石油天然气开采安全重点检查事项清单》为基础，以油气生产作业与施工现场为落脚点，在广泛开展生产作业过程危害因素识别与风险评价的基础上，以各区域设备设施为主线，详细列出了安全检查项目和内容并加以整合。本书适用于上游企业油气集输专业现场安全检查。

目录

CONTENTS

第一章 概 述

油气集输工艺主要涉及联合站及接转站、原油库、天然气处理站、储气库等设备设施。

联合站及接转站主要包含以下区域：分离器区、原油外输计量泵房和原油储罐区、原油稳定、大罐抽气装置区、采出水处理区、辅助生产区。

原油库主要包含以下区域：原油储罐区、输油泵区、流量计区、消防设备区、变频室、化验室、原油装车。

天然气处理站主要包含以下区域：轻烃装置区、轻烃储罐区、轻烃充装区、辅助设备区。

储气库主要包含以下区域：注采井场区、压缩装置区、天然气处理装置区、生产辅助区。

第二章　通用安全要求

本章主要介绍联合站及接转站、原油库、天然气处理站、储气库通用安全检查注意事项。

（1）现场操作应正确穿戴劳保用品，并进行危害辨识和风险分析，落实必要的风险消减措施。

（2）进入生产区域，应释放人体静电。

（3）现场无杂物、无油污、无散失器材，干净整洁。

（4）设备、管道涂色、标识符合规定，外观完好、无锈蚀、无变形、无断裂，基础底座无悬空。

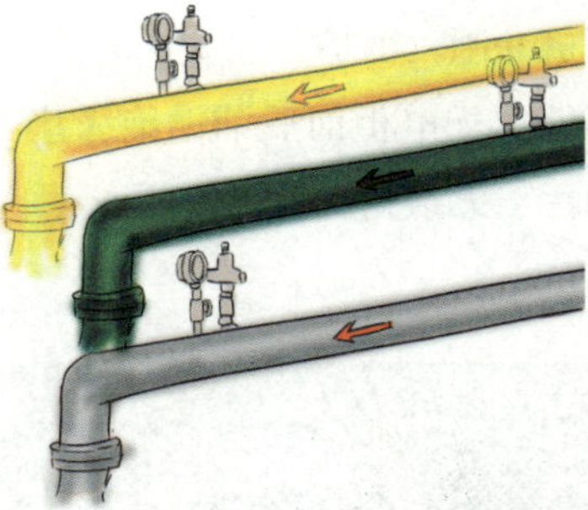

（5）各部分安全标示、警语、说明，齐全、醒目，风向标明显可视。

（6）压力容器应标识使用登记证号、注册代码、检验日期、下次检验日期。

（7）电气设备无异常，手持、移动电气设备用电应做到“一机一闸一保护”。

（8）高低压配电柜前后铺设绝缘垫。电缆沟内无积水、无油污、无杂物，地沟封闭。

（9）停、送电应由专业电工侧身操作，佩戴绝缘手套，一人操作一人监护，设备检维修时悬挂“禁止合闸，有人工作”“设备检修”等标识牌。

（10）严禁带负荷停、送电，禁止带压进行设备的检维修作业。

（11）仪器仪表、安全阀、可燃气体及有毒有害气体检测报警器应定期检验，确保在校验期内。

（12）各阀门灵活好用，缓慢、侧身开关阀门。

（13）按规定要求设定安全阀整定压力，定期检验。

（14）易燃易爆区域应使用防爆工具，有毒有害场所，未经许可禁止进入。

（15）可燃气体及有毒有害气体探测报警系统安装、使用应符合法规、标准要求，运行良好。

（16）易燃易爆区、涉硫化氢区域设置风向标，在区域内任何位置明显可视。

（17）涉硫化氢操作应佩戴便携式检测仪，当大于安全临界浓度 20ppm（$1ppm=1.5mg/m^3$）时，还应佩戴正压式空气呼吸器。

（18）防雷、防静电接地装置符合标准要求，连接良好。

（19）消防设备设施配备齐全、有效，定期检查。

（20）视频监控布设满足区域有效覆盖，布局合理。

第三章　联合站及接转站安全监督检查

本章主要介绍分离器区，原油外输计量泵房与原油储罐区，原油稳定、大罐抽气装置区，采出水处理区，辅助生产区等设备设施的安全检查事项及相关操作注意事项。

一、分离器区

1. 分离器

（1）分离器爬梯、操作平台、围栏无缺失、断裂。

（2）分离器停运应挂停运标识牌。

（3）登高时应做好防护措施，严禁高空抛物。

2. 加药装置

（1）运转设备无异响、无渗漏，润滑油合格无变质现象。

（2）加装药剂应戴防护手套、防毒面具或护目镜。

（3）启停泵应戴绝缘手套，侧身操作。

（4）当药剂喷溅到眼睛、皮肤时，用洗眼器冲洗或及时医治。

二、原油外输计量泵房与原油储罐区

1. 原油外输计量泵房

（1）泵房内设备应有相应的操作规程，噪声符合规定标准，电气、仪表设备符合防爆要求。

（2）启停泵应戴绝缘手套，侧身、缓慢开关阀门。

（3）禁止带压进行设备的检维修作业。

2. 原油储罐

（1）量油尺完好，在检定有效期内。

（2）操作人员站在上风处，轻轻打开量油孔盖，检查密封垫是否完好。

（3）在进出油过程中，密切观测液位升降速度（≤ 0.6m/h），保持在安全液位范围内运行。

（4）冬季检查拱顶罐机械呼吸阀的冰、霜，定期检查排放液压安全阀封油液中的积水。

（5）雷雨天气及有 5 级大风时禁止上罐，一次上罐不超过 5 人，禁止穿越罐顶，量油时做到一人操作一人监护。

三、原油稳定、大罐抽气装置区

1. 稳定塔

（1）运行中检查稳定塔液位、油温、压力是否在规定范围内。无漏油、气、水等现象。

（2）冬季或长时间停运，应用蒸汽将塔内及其管网内的原油扫进油罐，以防管线冻堵。

2. 压缩机

（1）正确佩戴护耳罩，旋转危险区域禁止站人。

（2）电动机前后轴承润滑油位、曲轴箱油位在液位计的 2/3 之上。

（3）如果电源断电，填写停运记录。

3. 气液分离器

（1）检维修时使用防爆工具。

（2）严禁在阀门关闭不严情况下，进行拆卸。

4. 凝析油储罐

（1）罐区无杂草、无油污、无易燃物、地面平整，罐基础无塌陷，防火堤无破损。

（2）喷淋设施及附件良好。

（3）倒罐遵循“先开后关”的原则，严禁憋压。

四、采出水处理区

采出水罐、滤罐：

（1）反冲洗水、排采出液沉积物水及除油罐溢流水必须连续均衡地回收到除油罐中，严禁外排。

（2）倒流程时应确认来液方向，侧身、缓慢开关阀门，过水声消失后将阀门全部打开。

（3）自动收油时，侧身缓慢导通与回收泵连接外部流程。

（4）禁止关闭进出口阀门启泵（容积泵），防止抽空憋压。

五、辅助生产区

1. 门禁

（1）生产相关人员进入站库，禁止携带火种或危险品。

（2）生产用机动车辆进入站库前，应关闭火花熄灭器。

（3）车辆在指定位置停放，非生产用机动车辆严禁进入生产区。

2. 化验室

（1）化验室应通风良好，操作时开启轴流风机，保持强制通风。

（2）盛装药品的器皿应标记品名，严禁混放。

（3）废油样、碱液、酸液应倒入密闭容器，集中按照危险废物进行回收处理。

（4）操作时通风柜门拉至呼吸带以下。

3. 加热炉

（1）水套炉液位应保持在规定范围内，有上、下限标识。

（2）加热炉点火要做到“三不点火”，侧身操作，先点火、后开阀门。

1. 不检查不点火。

2. 天然气没有阀门控制不点火。

3. 气管线漏气、炉膛内有余气（天然气）不点火。

（3）启动燃烧器前，应检查所有管线的可靠性和密封情况。在燃烧器调试工作中，应使用防爆工具。

（4）如遇紧急情况，应使用急停按钮停止运行。

（5）油气生产系统、火气探测系统的报警或联锁关断信号旁通按控制程序进行管理。

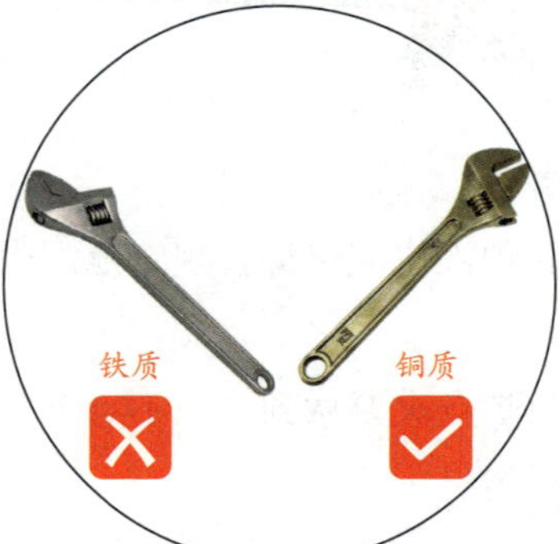

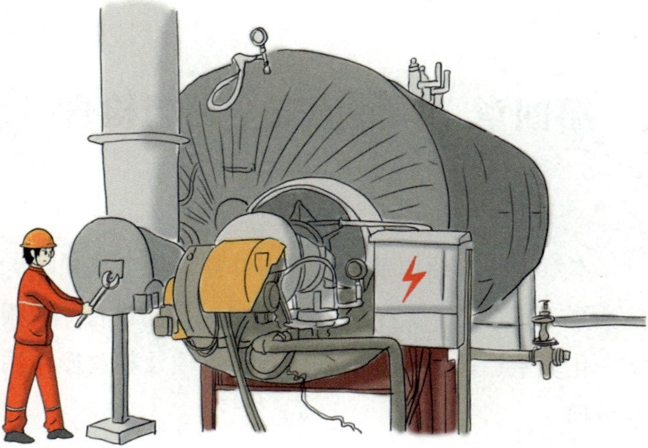

第四章　原油库安全监督检查

本章主要介绍原油储罐（内外浮顶罐、拱顶罐）、输油泵（离心泵、螺杆泵）、流量计、消防设备、变频室、化验室、原油装车的安全检查事项及相关操作注意事项。

一、原油储罐（内外浮顶罐、拱顶罐）

（1）储罐外观保温层无脱落、罐体无泄漏，基础无下陷。

（2）检尺时站在上风向。采用静液面检尺，液面稳定时间不少于30min。

（3）冬季检查拱顶罐机械呼吸阀的冰、霜，定期检查排放液压安全阀封油液中的积水。

（4）油位平于或低于加热盘管，严禁用水平蒸汽盘管加热。

二、输油泵区

1. 输油泵（离心泵、螺杆泵）

（1）润滑油及润滑脂质、量应符合要求。

（2）循环水运行正常，无渗漏。

（3）输油泵参数符合相关标准要求。

2. 启、停泵

（1）启泵前必须进行冲泵，泵体温度 >35℃方可启泵，关闭放空阀，机油液位在规定液位值。

（2）停泵前必须缓慢打开旁通阀。停泵时缓慢降低频率。停泵后关闭进出口电动阀并泄压。

3. 加注润滑油

（1）正确穿戴劳保用品，释放人体静电。

（2）打开加注口时应缓慢，侧身位，防止喷溅，加注时应缓慢，保证液位在正常范围。

（3）禁止在泵运行的状态下加注润滑油脂。

三、流量计

1. 启、停流量计

（1）流量计停运时间夏季超过 24h，冬季超过 8h，须排污、扫线。

（2）流量计放气塞排气时，应缓慢进行。

2. 滤网清洗、更换

（1）过滤器前后压差超过 0.2MPa 时，应清理或更换过滤器滤网。

（2）打开过滤器前应进行设备停运、泄压，确认无压后操作。

四、消防设备

（1）消防控制室应24h有人值班，设有声光报警装置，有消防专用报警电话。

（2）喷淋头无缺失、管线无破损。

（3）泡沫发生器无破损，泡沫液定期检测，在有效期内。

五、变频室

（1）变频室引风口无堵塞，强排风机运行正常。

（2）变频器使用期间，每两周断电进行滤网除尘。

六、化验室

（1）佩戴专用防护面具和手套，定期检测、公示有毒有害物质含量。

（2）在通风柜内操作时应保持强排通风，柜门拉至规定位置。

七、原油装车

（1）原油密闭装车前应提前30min对油罐停止加热，30m范围内无明火。

（2）装车作业前，车辆发动机应熄火，拉紧手制动，切断总电源，采取防止溜坡措施，连接两处导静电连接线。

（3）驾驶员、装卸人员全程监护，鹤管应距罐底不大于200mm，控制流速。

（4）操作含硫化氢储罐装油时，应配备正压式呼吸器，佩带便携式硫化氢检测仪。

（5）装车后，应静置不少于5min。确保安全后，拔出鹤管、关闭罐口、撤除静电接地线。需计量的，车辆静置不少于15min。

第五章　天然气处理站安全监督检查

本章主要介绍轻烃装置、储罐、充装、辅助等设备设施的安全检查事项及相关操作注意事项。

一、轻烃装置、储罐

轻烃装置包括（干燥塔、膨胀机、液化气塔和脱乙烷塔）；轻烃储罐包括液化石油气储罐、稳定轻烃储罐和工艺中间罐。

（1）轻烃装置运行时，吸附、再生流量不应中断，严禁加热炉干烧。

（2）轻烃装置运行切换前，检查冷热吹流量是否正常；切换过程中，冲泄压操作要缓慢进行。

二、轻烃充装

（1）充装作业前，接好导静电接地线，车辆发动机应熄火，拉紧手制动，切断总电源。

（2）正常充装期间，人员应站在上风口，不得擅离岗位；禁止启动车辆。

（3）配有致断螺栓式拉断阀的设备，应当严格禁止受到径向剪切力。

三、辅助设备

1. 加热炉（手动式）

（1）操作燃烧器、观察火焰燃烧情况时需侧身。

（2）先点火、后开阀门。

2. 加热炉低氮燃烧器

（1）启动燃烧器前，检查所有管线的可靠性和密封情况。

（2）当燃烧器调试工作时，应使用防爆工具。

（3）如遇紧急情况，应使用急停按钮，停止运行。

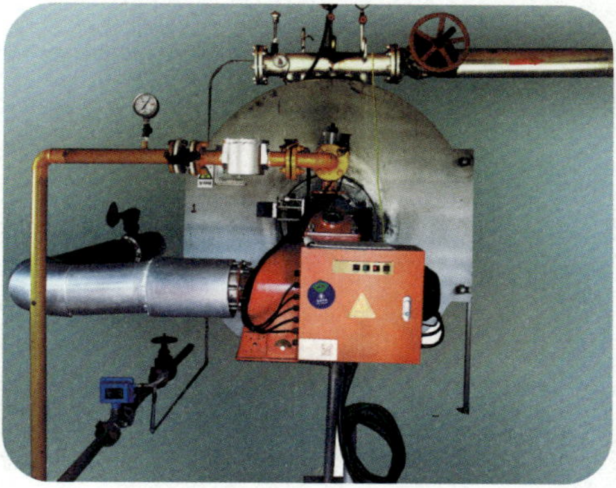

3. 热媒炉

（1）系统内应注满导热油，膨胀罐液位不高于 1/4。

（2）定期检测导热油闪点。

（3）燃烧器熄火后严禁立即停运导热油循环泵。

4. 热水炉

（1）严禁身体正对燃烧器进行操作。

（2）运行中应及时排气，保证满水运行。

5. 循环水泵、消防水泵

正确佩戴护耳罩，旋转危险区域禁止站人。

6. 空气压缩机、干燥机

（1）空气源附近无可燃气体排放。

（2）严禁使用紧急停车按钮来正常停机。停机前，手动排放疏水器内冷凝水。

第六章　储气库安全监督检查

本章主要介绍注采气树及井口、计量分离器、闭式排放罐、水套加热炉、天然气处理装置区、消防水泵、空气压缩机等设备设施的安全检查事项及相关操作注意事项。

一、注采气树及井口

（1）采气树闸阀严禁处于半开半关状态；生产阀门开、关到位后手轮必须回转 1/4~1/2 圈。

（2）除紧急情况，严禁用地面安全阀和井下安全阀关井。

二、计量分离器、闭式排放罐、水套加热炉

（1）操作阀门开关困难时，不可用工具强行开关。

（2）计量分离器运行时应保证液位不超过安全范围；排污时控制介质流速，严禁天然气串入闭式排放罐。

（3）水套加热炉操作时严禁身体正对燃烧器进行；冬季停炉，打开顶部排气阀。

三、天然气处理装置区

1. 三甘醇装置

（1）运行过程中检查吸收塔、闪蒸罐、重沸器的压力、温度和液位，严禁超压、超温运行。

（2）运行过程中定期测定贫、富三甘醇的质量分数。监控三甘醇消耗量。

2. 地面火炬

（1）距火炬筒 30m 范围内，严禁可燃气体放空。

（2）在火炬运行状态下，严禁非操作人员进入火炬区域，严禁随意关停火炬电源。

四、消防水泵

消防水泵入口保持常开状态，消防水罐液位满足要求。

五、空气压缩机

（1）检查空气源附近有无可燃气体排放。

（2）停机前，手动排放疏水器内冷凝水。

（3）严禁使用紧急停车按钮来正常停机。